BEITRAG

zur

Berechnung und Ausführung der Staumauern

von

FRANZ KREUTER

Ingenieur

Professor an der Technischen Hochschule in München

Mit 20 Abbildungen

München und **Berlin**

Druck und Verlag von R. Oldenbourg

1909